AF303382

Stickstoff- und Kohlenstoffkreislauf

Zusammenhänge und Feedbacks

von

Nicole Lang

© 2014 Nicole Lang

Herstellung und Verlag:

BoD – Books on Demand, Norderstedt

ISBN: 978-3-7347-4623-9

Diese Hausarbeit wurde im Rahmen des Hauptseminars „Klimageographie" bei Dr. Christoph Mayr im Sommersemester 2014 am Institut für Geographie der Friedrich-Alexander-Universität Erlangen-Nürnberg angefertigt.
Ich danke Herrn Dr. Mayr herzlich für seine Unterstützung.

Inhaltsverzeichnis

Im Zuge der Debatte um den Klimawandel stellt sich immer wieder die Frage, welchen Einfluss der Mensch auf das globale Klima hat und was dieser Einfluss für die Ökosysteme, die Kreisläufe, generell das Leben auf der Erde bedeutet. In dem kürzlich erschienenen IPCC-Bericht wird unter anderem versucht, diese Fragen zu beantworten.

In diesem Bericht werden auch die menschlichen Einflüsse auf den Stickstoffkreislauf, sowie dessen Wechselbeziehungen zum Kohlenstoffkreislauf erläutert. Um diese Ausführungen besser einordnen zu können, werde ich im Folgenden zunächst den Stickstoffkreislauf mit den dazugehörigen Prozessen vorstellen. Anschließend werde ich die Auswirkungen der Stickstofffixierung auf den Kohlenstoffkreislauf, auf das Ozon und andere Spurengase und schließlich die Bedeutung für den Klimawandel und die Ökosysteme darstellen.

1. Der Stickstoffkreislauf

Stickstoff ist eines der unverzichtbaren Elemente für lebende Organismen. Den größten irdischen Stickstoffpool stellt die Atmosphäre mit nahezu 78% der Lufthülle dar. Diese etwa 3,9 Mrd. Mt N (3,9 * 10^{15} t Stickstoff) liegen zum größten Teil in Form von N_2 vor. (siehe Abb. 1). (vgl. Fritsche (2009): 18). Die Stickstoffmenge, die in den Landpflanzen mit 3 500 Mt N, und der abgestorbenen Biomasse, mit 95 000 bis 140 000 Mt N, gespeichert ist, ist dagegen relativ gering. (vgl. Fabian (2002): 98). Pflanzen benötigen Stickstoff jedoch nicht in inerter, sondern in reaktiver Form, nämlich als Nitrat- (NO_3^-) oder

Ammoniumionen (NH_4^+), welche häufig den limitierenden Faktor des Pflanzenwachstums darstellen. (vgl. Fritsche (2009): 18). Durch die Denitrifikation, die Reduktion von NO_3^-, und die Nitrifikation, die Oxidation von NH_4^+, kommt es zu ständigen Stickstoffverlusten. Desweiteren gelangt ein gewisser Anteil dieser Ionen in Gewässer. Durch die Stickstofffixierung aus der Atmosphäre müssen diese Verluste kompensiert werden. (vgl. Fabian (2002): 99).

Die natürliche Stickstofffixierung kann entweder durch Blitze erfolgen, oder durch Algen und Bakterien. Durch die elektronische Entladung in Blitzen entstehen Stickstoffoxide (NO_x), die mit OH zu Salpetersäure (HNO_3) reagieren und durch Niederschlagt als Nitrat in den Boden gelangen. Die jährliche Stickstofffixierung durch Blitze liegt etwa zwischen 5 und 20 Mt. Da die jährliche biologische Stickstofffixierung von 130 Mt (vgl. Fritsche (2009): 19) demgegenüber bedeutend wichtiger ist, fällt die Diskrepanz der jährlichen Fixierung von 15 Mt N durch Blitze nicht ins Gewicht. Bei der biologischen Stickstofffixierung werden Ammonium und Nitrat im Boden gebildet und können so von den Pflanzen über die Wurzeln direkt aufgenommen werden. (vgl. Fabian (2002): 98).

Zusätzlich zum natürlichen Eintrag von reaktiven Stickstoffverbindungen werden durch den Menschen jährlich etwa 80 Mt N in Form von Ammonium-Kunstdünger auf landwirtschaftliche Flächen ausgebracht (vgl. ebd.: 99), sowie 50 Mt N/Jahr als NO_x aus Verbrennungsprozessen in die Atmosphäre und nach dessen Umwandlung in Nitrat in den Boden abgegeben (vgl. Fritsche (2009): 19). Hinzu kommt der

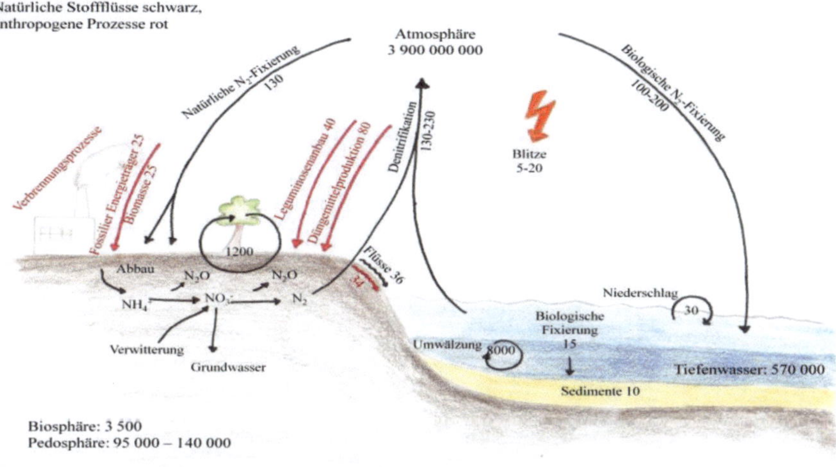

Abb. 1: Globaler Stickstoffkreislauf. (Eigene Darstellung nach Fritsche (2009), Fabian (2002), Smith, Smith (2009)).

zusätzliche Leguminosenanbau (s. u.), der mit 40 Mt N/Jahr die biologische Stickstofffixierung verstärkt. Mit 170 Mt N/Jahr aus anthropogenen Quellen entspricht das mehr als der Hälfte des gesamten Stickstoffeintrags. (vgl. Fabian (2002): 99).

Entsprechend der Nettoprimärproduktion von Kohlenstoff, die etwa 60 Gt/Jahr durch die Landvegetation ausmacht (s.u.), wäre eine jährliche Stickstofffixierung von etwa 1 200 Mt erforderlich. Dies ist jedoch ungefähr das Achtfache der Stickstofffixierung durch die Atmosphäre. Daher wird vermutet, dass der Großteil des Stickstoffs über „interne Kreisläufe zwischen lebender und abgestorbener Biomasse direkt zirkuliert" (ebd.).

Über Prozesse der Stickstoffmineralisierung toter organischer Substanzen wird der atmosphärische Teil des Kreislaufs geschlossen. Das durch Bodenbakterien gebildete NH_4^+ wird durch andere Bakterien zu NO_3^- oxidiert. Sowohl NH_4^+ als auch NO_3^- kann von Pflanzen direkt aufgenommen werden. Denitrifizierende Bakterien reduzieren NO_3^- zu N_2, wodurch es der Atmosphäre wieder zurückgegeben wird. (vgl. ebd.). Etwa 130 bis 230 Mt N/Jahr gelangen so wieder in den atmosphärischen Pool. (vgl. Fritsche (2009): 18). Stickstoffmonoxid (NO), das Nebenprodukt bakterieller Nitrifikation, entweicht in die Luft, was etwa 10 Mt N/Jahr bedeutet. Die durch Bodentemperatur und –feuchte gesteuerte NO-Abgabe ist dann besonders hoch, wenn die Nitrifikation durch den Eintrag von Ammoniumdünger stimuliert wird. Bei einer hohen atmosphärischen NO-Konzentration nehmen die Böden NO auf und fungieren so als NO-Senke. Dieses Spurengas spielt in der Ozon-Photochemie eine wichtige Rolle (s.u.). Als weiteres Nebenprodukt entsteht Distickstoffoxid oder Lachgas (N_2O), das ein effektives Treibhausgas darstellt (s.u.). Da N_2O in der Troposphäre nicht abgebaut wird, dient es in der Stratosphäre als Quelle für NO_x-Radikale, die durch ihre Katalysatorwirkung Ozon zerstören. (vgl. Fabian (2002): 99).

Die ozeanischen Teile des Stickstoffkreislaufes verlaufen ähnlich. Die biologische Fixierung macht 100 bis 200 Mt N/Jahr aus. 36 Mt N/Jahr strömen durch Flüsse in den Ozean (vgl. ebd. 100) und weitere 34 Mt N/Jahr gelangen auf diese Weise durch anthropogenen Einfluss dorthin. (vgl. Fritsche (2009): 19). 8 000 Mt N/Jahr wird im Ozean umgewälzt, was bedeutet, dass der aus totem Plankton freiwerdende

Stickstoff von den Organismen direkt wieder aufgenommen wird. Durch Niederschlag werden etwa 30 Mt N/Jahr eingetragen. Zwar bleiben Photosynthese und interne Stickstoffflüsse auf die obere Schicht der Meere beschränkt, aber das Tiefenwasser bildet mit abgesunkenen Resten toter Biomasse mit 570 000 Mt Stickstoff einen weiteren relativ großen Stickstoffpool. Jährlich werden davon lediglich 10 Mt Stickstoff als Sediment abgelagert, sodass der größte Teil des Stickstoffeintrags durch Denitrifikation als N_2 in die Atmosphäre zurückfließt. (vgl. Fabian (2002): 100).

Nach der groben Betrachtung des Stickstoffkreislaufes kann also gesagt werden, dass die Nitrifikation und Denitrifikation den bedeutendsten Teil des Kreislaufes darstellt. Deshalb soll im Folgenden auf ebendiese Vorgänge speziell eingegangen werden.

1.1.   Nitrifikation und Denitrifikation

Wie bereits erwähnt, können die meisten Lebewesen elementaren Stickstoff nicht nutzen und sind so von den reaktionsfreudigen Stickstoffverbindungen Ammonium und Nitrat abhängig. Totes organisches Material stellt einen großen Teil des im Boden enthaltenen Stickstoffs dar. Dieses Material wird durch Bakterien und Pilze abgebaut, die den Stickstoff zum Aufbau ihrer eigenen Aminosäuren benötigen. Der überschüssige Stickstoff wird in Form von NH_4^+ abgegeben, die Ammonifikation. Auf alkalischen Substraten kann der Stickstoff auch als gasförmiges Ammoniak (NH_3) abgeben werden. Andere Bakterienarten können nun Ammoniak oder Ammonium oxidieren.

Diese sogenannte Nitrifikation liefert den Bakterien Energie, die sie wiederum zur Reduktion von Kohlendioxid (CO_2) nutzen. Bakterien der Gattung *Nitrosomonas* führen insbesondere die Oxidation von Ammoniak zu Nitrit (NO_2^-) durch:

$$2\,NH_4^+ + 3\,O_2 \rightarrow 2\,NO_2^- + 4\,H^+ + 2\,H_2O.$$

Nitrobacter, eine weitere weit verbreitete Bakterienart, oxidiert Nitrit zu Nitrat, wodurch wieder Energie freigesetzt wird:

$$2\,NO_2^- + O_2 \rightarrow 2\,NO_3^-.$$

Nitrat ist dabei die dominierende Form, in der Stickstoff in die Wurzeln der meisten Kulturpflanzen gelangt. (vgl. Raven, Evert, Eichhorn (2005): 743).

Allerdings wird dem Boden auf unterschiedliche Weise Stickstoff entzogen, sodass dieser durch die Fixierung des Stickstoffs aus der Atmosphäre wieder ersetzt werden muss. Dabei wird der Stickstoff aus der Luft (N_2) zu NH_4^+ reduziert, was wiederum Teil des Aufbaus von Aminosäuren und anderen organischen Verbindungen wird. Für die Stickstofffixierung werden große Mengen ATP benötigt; sie ist also ein energetisch aufwendiger Prozess. (vgl. ebd.: 746).

Die Stickstofffixierenden Bakterien können danach klassifiziert werden, ob sie frei leben oder in symbiotischer Verbindung mit bestimmten Pflanzenarten. Gemessen an der Menge des umgesetzten Stickstoffs, sind die symbiotischen Bakterien bei weitem die wichtigeren. Den Gattungen *Rhizobium* und *Bradyrhizobium* gehören die häufigsten Stickstofffixierenden Bakterien an. (vgl. ebd.). Sie besiedeln als sogenannte ‚Knöllchenbakterien‘ die Wurzeln von etwa 200 Pflanzen-

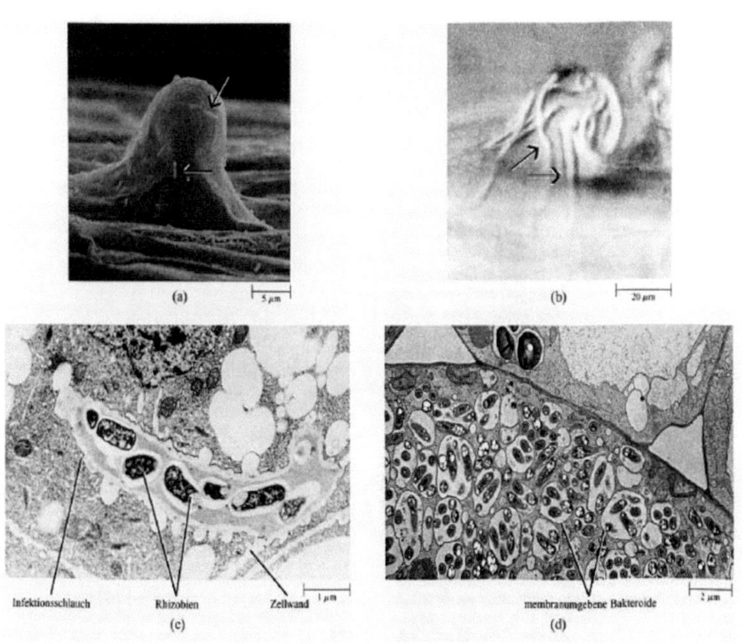

Abb. 2: Stadien der Besiedlung einer Sojabohne durch *Bradyrhizobium japonicum*. (a) Rhizobien (Pfeile) an auswachsendem Wurzelhaar. (b) Wurzelhaar mit Infektionsschläuchen. (c) Infektionsschlauch mit Rhizobien. (d) Gruppen von Bakteroiden. (Raven, Evert, Eichhorn (2005): 748).

arten aus der Gruppe der Leguminosen (vgl. Smith, Smith (2009): 637), zum Beispiel Luzerne (*Medicago sativa*), Klee-Arten (*Trifolium* sp.), Erbsen (*Pisum sativum*), Sojabohnen (*Glycine max*) und Bohnen (*Phaseolus* sp.). Bei dieser Symbiose erhält die Leguminose Stickstoff in einer Form, die sie zur Synthese von Proteinen verwenden kann, die Knöllchenbakterien werden dabei von der Pflanze mit Energie versorgt. (vgl. Raven, Evert, Eichhorn (2005): 746). Außerhalb der Pflanze sind bei diesen Bakterien keine stickstofffixierenden Aktivitäten festzustellen. Sie verwenden stattdessen Ammonium-Ionen oder andere Stickstoffquellen. Nach dem Eindringen in die Wirtspflanze verändern die Bakterien ihre Zellgröße und –form von einer stäbchenförmigen Zelle in ein rundliches Bakteroid, anschließend entstehen die Knöllchen an den Wurzeln. Erst ab diesem Zeitpunkt sind die Bakteroide zur Stickstofffixierung fähig. (vgl. Fuchs (2007): 574). Abb. 2 zeigt die Entwicklung eines Wurzelknöllchens bei der Sojabohne.

Es gibt jedoch auch Symbiosen mit Nichtliguminosen. Erlen (*Alnus* sp.) werden zum Beispiel nicht von *Rhizobium* oder *Bradyrhizobium* besiedelt, sondern von Stickstofffixierenden Actinomyceten. Auch der Gagelstrauch (*Myrica* gale*),* Farnmyrte (*Comptonia*), Sanddorn (*Hippophaë*) und die Ölweide (*Elaeagnus*) bilden Wurzelknöllchen mit Actinomyceten als Partnern. Eine weitere Symbiose besteht zwischen *Azolla* sp., einem kleinen, schwimmenden Wasserfarn, in dessen Höhlungen auf der Blattoberseite *Anabaena* sp. lebt, ein Stickstofffixierendes Cyanobakterium. (vgl. Raven, Evert, Eichhorn (2005): 749).

Einige freilebende, also nichtsymbiotische, Bakterien sind ebenfalls in der Lage elementaren Stickstoff zu fixieren, beispielsweise die der Gattungen *Azotobacter, Azotococcus, Beijerinckia* und *Clostridium*. Die ersten drei Gattungen leben aerob, *Clostridium* anaerob. Um Energie für die Fixierungsprozesse zu gewinnen, sind alle Gattungen auf die Oxidation von organischem Material im Boden angewiesen. (vgl. ebd.). Auch einige photoautotrophe Bakterien, wie bestimmte freilebende Cyanobakterien, zu der die in tropischen Meeren lebende Gattung *Trichodesmium* gehört, ist hier zu nennen. Diese Gattung ist für etwa ein Viertel des gesamten im Meer fixierten Stickstoffs verantwortlich. (vgl. ebd.: 282).

An dieser Stelle sei auch erwähnt, dass Fleisch fressende Pflanzenarten in der Lage sind, tierische Eiweiße direkt als Stickstoffquellen zu nutzen. Durch die Verdauung der Beute können deren Stickstoffverbindungen resorbiert werden. Die meisten dieser Karnivoren kommen in Mooren vor, die meist sehr saure Standorte darstellen. Diese Umgebungen weisen aufgrund des niedrigen pH-Wertes für das Wachstum von nitrifizierenden Bakterien ungünstige Bedingungen auf, weshalb die Pflanzen eine andere Möglichkeit zur Stickstoffaufnahme benötigen. (vgl. ebd.: 745). Insgesamt sorgen etwa 12 000 derzeit bekannte photoautotrophe Arten für eine Strickstofffixierung. (vgl. Smith, Smith (2009): 637).

Bei dem anaeroben Prozess der Denitrifikation „wird Nitrat zu gasförmigen stickstoffhaltigen Substanzen wie elementarem Stickstoff

(N$_2$) oder Distickstoffoxid (N$_2$O) reduziert, die in die Atmosphäre entweichen" (Raven, Evert, Eichhorn (2005): 744):

$$2\,NO_3^- \rightarrow 2\,NO_2^- + O_2 \rightarrow 2\,NO + 2\,O_2 \rightarrow N_2O + 2\tfrac{1}{2}\,O_2 \rightarrow N_2 + 3\,O_2.$$ (vgl. Maniak (1997): 537).

Denitrifikation ist ein nahezu universeller Prozess, der in allen Bodenaggregaten auftreten kann. Allerdings benötigen die denitrifizierenden Bakterien Energie, die sie beispielsweise durch Zersetzung von organischem Material erhalten. (vgl. Raven, Evert, Eichhorn (2005): 744).

1.2.   Stickstoffdüngerproduktion

Wie bereits erwähnt trägt der Mensch einmal durch Verbrennungsprozesse ungewollt, aber durch Leguminosenanbau und Düngemittelproduktion absichtlich, Stickstoff in den Boden ein. Das ist notwendig, weil das Gleichgewicht von Nettoprimärproduktion und Zersetzung, wie es bei natürlichen Ökosystemen herrscht, bei einer landwirtschaftlichen Nutzung gestört ist. Dadurch, dass Pflanzen, und mit ihnen die enthaltenen Stoffe, als Nutzpflanzen geerntet werden, kann das organische Material nicht in den Boden zurückkehren, womit die Stoffe durch Zersetzung und Mineralisation nicht wieder zur Verfügung gestellt werden können. Damit für eine weitere Nutzpflanzenproduktion genügend Nährstoffe zur Verfügung stehen, müssen dem Boden Nährstoffe durch Düngemittel zugeführt werden. Biologische Dünger, wie Mist, gemahlene Tierknochen oder der Zwischenanbau von Leguminosen, sind bereits seit der Antike im Einsatz. Ab der Mitte des 19. Jahrhunderts wurden verstärkt auch anorganische Dünger benutzt, wobei der Stickstoffbedarf zunächst überwiegend durch Salpeter aus Chile gedeckt wurde. Zu Beginn des 20. Jahrhunderts entdeckte der Chemiker Fritz Haber eine wirtschaftlich rentable Methode zur Synthese von Ammoniak (vgl. Smith, Smith (2009): 612), bei der Ammoniak mit Stickstoff und Wasserstoff synthetisiert werden konnte:

$$N_2 + 3\,H_2 \rightarrow 2\,NH_3.$$ (vgl. Kümmel, Papp (1988): 192).

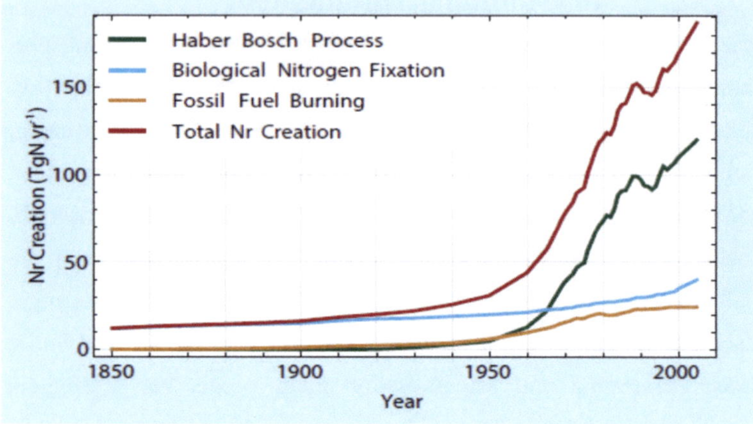

Abb. 3: Anthropogener Stickstoffeintrag (Nr creation) in Mt N/Jahr ($TgN\ yr^{-1}$). (Ciais et al. (2013): 477).

lung. 1913 stellte die BASF nach dem sogenannten Haber-Bosch-Verfahren als erste Firma Ammoniak in großen Mengen her. (vgl. Smith, Smith (2009): 612). Bezogen auf die Anlagengröße ist diese Form der Stickstoffgewinnung der biologischen Stickstofffixierung „in der Raum-Zeit Ausbeute um mehrere Größenordnungen überlegen" (Kümmel, Papp (1988): 192). Etwa zwei Drittel des so produzierten Ammoniaks werden bei der Herstellung von Stickstoffdüngemittel wie Harnstoff verwendet:

$$CO_2 + 2\ NH_3 \rightarrow CO(NH_2)_2 + H_2O.$$

Abb. 3 zeigt den Stickstoffeintrag von 1850 bis 2005. Aus dieser Abbildung ist ersichtlich, dass der anthropogene Stickstoffeintrag durch Düngemittelproduktion seit 1970 die natürliche Stickstoffdüngung, zum Beispiel durch Leguminosenanbau, übersteigt. Allerdings erreichen nur etwa 11% des über Düngemittel eingetragenen Stickstoffs über die Nahrungskette den Menschen. Mehr als 40% gelangen dagegen über Oberflächenwässer und Abwässer noch vor der Denitrifizierung ins Meer. (vgl. Kümmel, Papp (1988): 192).

Zusammenfassend kann also gesagt werden, dass der zunehmende anthropogene Stickstoffeintrag erhebliche Auswirkungen auf den Stickstoffkreislauf hat. Damit verbunden sind jedoch auch weitreichende Folgen für den Kohlenstoffkreislauf, die Bildung von Spurengasen, das Ozon, verschiedene Ökosysteme und das Klima.

2. Auswirkungen der zunehmenden Stickstofffixierung

2.1. Auswirkungen auf den Kohlenstoffkreislauf

Um die Auswirkungen des anthropogenen Stickstoffeintrags auf den Kohlenstoffkreislauf zu untersuchen, soll zunächst der Ablauf des Kohlenstoffkreislaufs skizziert werden. Von den etwa 100 Mio. Gt C (10^{18} t Kohlenstoff), die sich auf der Erde befinden, ist der überwiegende Teil in Sedimenten gespeichert, nämlich 60 Mio. Gt in Carbonaten und 15 Mio. Gt in organischen Sedimenten (siehe Abb. 4). Der aktive Kohlenstoffpool nahe der Erdoberfläche macht dagegen nur einen geringen Teil aus. Mit 38 000 Gt ist der überwiegende Teil davon im Ozean gelöstes CO_2. (vgl. Fabian (2002): 95). Die Atmosphäre enthält 750 Gt C, wobei rund 99% in Form von CO_2 vorliegt (vgl. Kümmel, Papp (1988): 181), lebende Pflanzen enthalten 560 Gt C, Mikroorganismen 30 Gt C und die Böden 1 500 Gt C aus toter organischer Substanz. (vgl. Fritsche (2009): 17). Bei einer Biomassenbildung von 120 bis 135 Gt Biomasse/Jahr, was eine Nettoprimärproduktion der Landpflanzen von 60 Gt C/Jahr bedeutet, werden 120 Gt C/Jahr durch Photosynthese der Atmosphäre entnommen. Jährlich werden davon 60 Gt C über die Atmung wieder zurückgegeben und 60 Gt C werden durch die Zersetzung toter organischer Substanz aus den Böden freigesetzt. Damit ist der terrestrische Kreislauf geschlossen. (vgl. Fabian (2002): 95).

90 Gt C werden jährlich von der Atmosphäre mit den Ozeanen ausgetauscht. Allerdings erfolgt der schnelle Austausch nur mit dem Oberflächenwasser, in dem 1 000 Gt C enthalten sind. (vgl. ebd.). Dort wird es „durch die Photosynthese des Phytoplanktons zu Kohlenhydraten umgewandelt" (Strahler, Strahler (2006): 308). Die CO_2-Aufnahme des Ozeans hängt wesentlich von der Mischung von Oberflächen- und Tiefenwasser ab. Wäre der Ozean perfekt durchmischt, könnte er bis zu 6 Gt C/Jahr aufnehmen, was den anthropogenen CO_2-Eintrag in die Atmosphäre kompensieren würde. (vgl. Fabian (2002): 95).

Die Tatsache, dass durch die Photosynthese zusätzlich 1 Gt C aus der Atmosphäre entnommen wird, zeigt, dass der Kreislauf momentan nicht ausgeglichen ist. Durch die Verbrennung von fossilen Rohstoffen und das Abbrennen von Wäldern fallen jährlich 6 bis 8 Gt C zusätzlich an. Die Hälfte davon wird zu etwa gleichen Teilen durch den Ozean und das verstärkte Wachstum der Landpflanzen aufgenommen, sodass etwa 3 Gt C/Jahr in der Atmosphäre verbleiben, was einen jährlichen CO_2-Anstieg von etwa 0,5% bewirkt. (vgl. Fritsche (2009): 17).

Die zusätzliche Entnahme von CO_2 aus der Atmosphäre zeigt außerdem, dass die globale Biomasse zunehmen muss. Allerdings nehmen die globalen Waldflächen durch Rodung und anschließende Umwand-

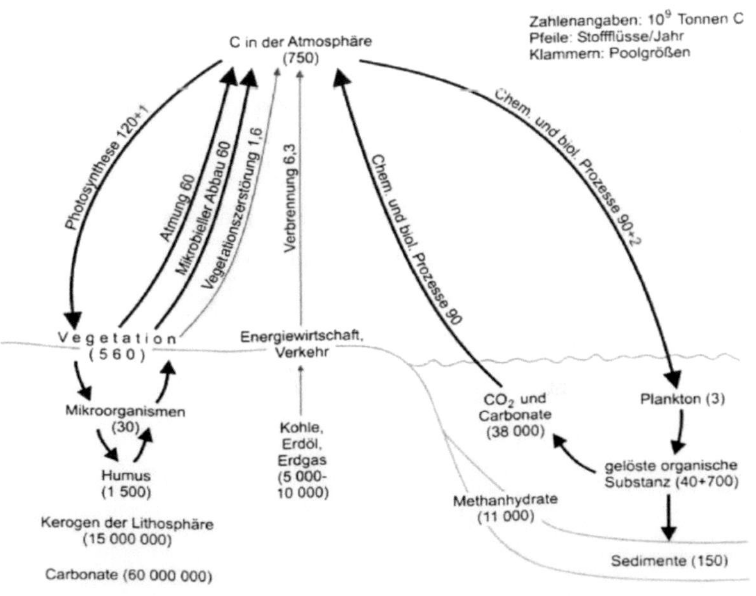

Abb. 4: Globaler Kohlenstoffkreislauf. Natürliche Stoffflüsse sind schwarz, anthropogene Prozesse rot dargestellt. Zahlenangaben in Gt C. (Fritsche (2009): 17).

lung in Weide- und Ackerland ab. Da diese Rodung insbesondere in tropischen und äquatorialen Regionen stattfindet, müssen also die Wälder der mittleren und hohen Breiten sowohl die CO_2-Freisetzung durch die Rodung, als auch eine Zusätzliche CO_2-Aufnahme tragen. (vgl. Strahler, Strahler (2006): 307). Insbesondere die Wälder auf der Nordhemisphäre stellen diese Kohlenstoffsenken dar, weil dort die meisten anderen Bedingungen wie Temperatur, Feuchte, Wasser- und Nährstoffverfügbarkeit nahezu optimal sind. (vgl. Glaser et al. (2010): 152). Die Tropischen Gebiete verhalten sich weitgehend neutral und stellen teilweise, trotz der Rodungen, Senkengebiete dar. Diese Aussagen beziehen sich allerdings auf kurzfristige Kohlenstoffumsätze. Langfristig ist von einer CO_2-Zunahme in der Atmosphäre auszugehen. (vgl. Kappas (2009): 163).

Das weltweite Anwachsen lebender Biomasse kann sicher dem positiven Effekt höherer Temperaturen und einer erhöhten CO_2-Konzentration in der Atmosphäre auf die Photosynthese zugeschrieben werden, doch ist der zusätzliche Stickstoffeintrag durch aus der Atmosphäre ausgewaschene Stickstoffverbindungen ebenso bedeutsam. (vgl. Strahler, Strahler (2006): 307). Durch die erhöhte Photosyntheserate wird mehr CO_2 in der Biosphäre gespeichert. Es gilt aber zu beachten, dass die Photosyntheseleistung vor allem von der zur Verfügung stehenden Menge an Licht, Wasser und dem Nährstoffangebot beeinflusst wird, dagegen auf Temperaturänderungen nur wenig reagiert. Eine Erwärmung verstärkt jedoch die Pflanzenatmung, sodass eine globale Erwärmung zu einer erhöhten CO_2-Konzentration in der Atmosphäre führt, da „die Pflanzenatmung und der Zerfall organischer Substanzen zunimmt, die Photosynthese aber nicht wesentlich steigt" (Jöst (1994): 42). Für die Ozeane bedeutet eine Erwärmung des Wassers eine Reduzierung der Löslichkeit von CO_2 und damit auch eine Reduzierung der CO_2-Aufnahme. Deshalb ist davon auszugehen, dass die CO_2-Aufnahme der Ozeane in den nächsten Jahrzehnten abnehmen wird. (vgl. Kappas (2009): 166).

Eisbohrkernmessungen haben ergeben, dass die heutigen atmosphärischen CO_2- und CH_4- Werte die vorindustriellen Konzentrationen bei weitem überschreiten. So dokumentieren diese Messungen, dass in den vergangenen 650 000 Jahren die CO_2-Konzentration zwischen 180 ppm und 300 ppm schwankte. Von einem vorindustriellen Wert von 280 ppm stieg der Wert anthropogen bedingt auf 379 ppm im Jahr 2005. In der Folge erhöht sich der Strahlungsantrieb, was allein in der Zeitspanne von 1995 bis 2005 zu einer Zunahme des Strahlungsantriebs von etwa 20% führte. Das macht die Bedeutung der atmosphärischen CO_2-Konzentration deutlich und macht damit die CO_2-Emissionen „zum bedeutendsten anthropogenen Klimafaktor" (Kappas (2009): 159). Abbildung 5 zeigt die Zunahme der CO_2-Konzentration auf Mauna Loa, Hawaii (19° N). Der Jahresgang ist relativ regelmäßig mit einem Maximum im Winter und einem Minimum im Sommer. Diese Unterschiede sind darauf zurückzuführen, dass mit Beginn der Vegetationszeit der Atmosphäre durch Photosynthese CO_2 entzogen wird, nach Ende der Vegetationszeit wird der Atmosphäre dagegen CO_2 zurückgegeben. Neben diesen Werten, die eher von lokaler Bedeutung sind, zeigt diese Abbildung einen kontinuierlichen CO_2-Anstieg, der auf einen anthropogenen CO_2-Eintrag hinweist. (vgl. Fabian (2002): 97).

Der kürzlich erschienene IPCC-Bericht weist im Zusammenhang mit den indirekten Folgen des Stickstoffeintrags vor allem auf die Bedeutung des Kohlenstoffdioxids für die Klimaveränderung hin. Die veränderten Stickstoffbedingungen wirken sich auf die heterotrophe Respiration aus, also den Zerfall organischer Substanzen, und bewirken so eine CO_2-Emission. Die bessere Stickstoffverfügbarkeit bewirkt eine Änderung der CO_2-Senken. Indem durch den erhöhten Stickstoffeintrag die Produktivität der Pflanzen steigt, wird eine CO_2-Senkung erreicht. Durch den beschleunigten Abbau organischer Materialien wird jedoch mehr CO_2 freigesetzt. Die zusätzliche CO_2-Aufnahme im Ozean bewirkt langfristig eine Versauerung der Meere, was wiederum

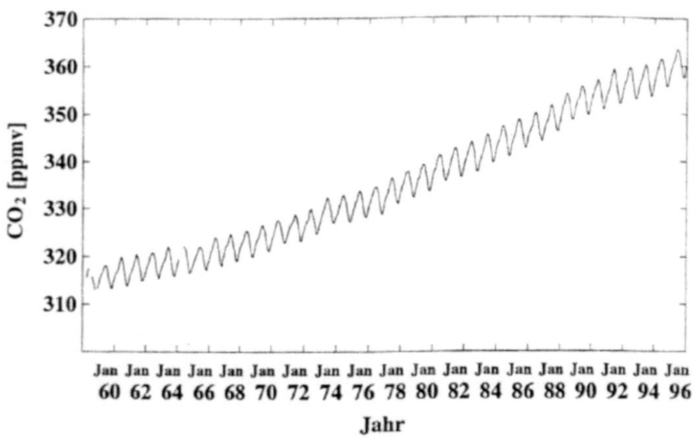

Abb. 5: Verlauf des atmosphärischen CO_2-Anteils (Monatsmittel) an der Station Mauna Loa, Hawaii. (Fabian (2002): 96).

die CO_2-Aufnahme verringert, wenngleich durch den Stickstoffeintrag zunächst mehr CO_2 aufgenommen wird. Insbesondere in stickstoffarmen Ökosystemen würde ein zusätzlicher Stickstoffeintrag die Aufnahme von CO_2 erhöhen, wodurch eine zusätzliche Kohlenstoffsenke entstehen könnte. So hat die anthropogene Stickstoffzugabe das Potential, die CO_2-Emissionen zu senken. Jedoch wird auch das mikrobielle Wachstum durch die Stickstoffverfügbarkeit limitiert, insbesondere in kalten und nassen Gegenden. Damit könnte der anthropogene Stickstoffeintrag auch die Zersetzung organischen Materials beschleunigen, was eine Freisetzung von CO_2 bedeutet. Welche Einflüsse der anthropogene Stickstoffeintrag auf den Kohlenstoffkreislauf hat, kann somit momentan nicht mit Gewissheit gesagt werden, wenngleich von einer erhöhten Kohlenstoffeinlagerung auszugehen ist. (vgl. Ciais et al. (2013): 477).

Es gelangen aber auch andere Kohlenstoffformen in die Atmosphäre, wie beispielsweise Methan (CH_4), das sich bei der Vergärung von Biomasse unter anaeroben Bedingungen bildet. Zwar sind die daraus entstehenden Mengen für den Kohlenstoffkreislauf unbedeutend, aber CH_4 ist ein effektives Treibhausgas, das in photochemischen Prozessen in der Atmosphäre (s.u.) eine wichtige Rolle spielt. Auch Kohlenmonoxid (CO), das überwiegend bei der Verbrennung von Biomasse entsteht, hat nur geringe Emissionsraten, ist aber in der atmosphärischen Photochemie, vor allem bei der Ozonbildung (s.u.), bedeutend. (vgl. Fabian (2002): 97). Somit wirkt sich der anthropogene Stickstoffeintrag auch auf die Bildung von Spurengasen aus. Im Folgenden soll daher die Bedeutung des Stickstoffeintrages für Ozon und andere Spurengase genauer erörtert werden.

2.2.   Auswirkungen auf Spurengase

„Ozon ist die dreiatomige Form des gewöhnlichen Luftsauerstoffs […]. Ozon bildet sich, wenn Sauerstoff-Moleküle (O_2) durch Bestrahlung mit kurzwelligem UV-Licht […] in einzelne Atome O" aufgespalten werden (Fabian (2002): 31). Anschließend kann sich jedes dieser Sauerstoffatome an ein Sauerstoffmolekül anlagern, wodurch sich das dreiatomige Ozon bildet. Zur Abführung überschüssiger Energie ist dazu allerdings ein Stoßpartner nötig, der nach dem Stoß unbeteiligt fortfliegt. Da die ultraviolette Strahlung der Sonne in der Stratosphäre nur wenig geschwächt einfällt, geschieht dieser Vorgang vor allem dort. Der Abbau des Ozons, die Photodissoziation, erfolgt rückwärts auf demselben Weg. Da die Bindungsenergie von Ozon geringer ist als die des molekularen Sauerstoffmoleküls, kann die Ozon-Photolyse auch bei einer größeren Wellenlänge erfolgen, weshalb sie nicht nur mit UV-Strahlung, sondern auch mit sichtbarem Licht ablaufen kann. (vgl. ebd.)

Auch katalytische Prozesse bewirken einen Ozonabbau. Hierbei reagiert zunächst ein Katalysator, der Einfachheit halber im Folgenden X genannt, mit Ozon und bildet das Zwischenprodukt XO und ein Sauerstoffmolekül O_2. Im nächsten Schritt reagiert XO mit einem Sauerstoffatom, wodurch der Katalysator zurückgegeben wird und ein zusätzliches Sauerstoffmolekül entsteht. Katalysatoren für diesen Prozess stellen eine Reihe von reaktiven Radikalen dar, wobei hier das Stickoxid (NO) der wichtigste natürlich vorkommende Katalysator ist. Insofern hat der folgende NO_x-Zyklus für den Abbau von Ozon eine große Bedeutung:

$$
\begin{array}{lcl}
NO + O_3 & \rightarrow & NO_2 + O_2 \\
NO_2 + O_3 & \rightarrow & NO_3 + O_2 \\
NO_3 + Licht & \rightarrow & NO + O_2 \\
\hline
\text{Netto:} \quad O_3 + O_3 + Licht & \rightarrow & 3\,O_2
\end{array}
$$

Da NO mit O_3 schnell zu NO_2 und dieses wiederum mit OH zu HNO_3 oxidiert wird, das wasserlöslich ist und mit dem Niederschlag ausregnet, hat NO_x lediglich eine atmosphärische Lebensdauer von 2 bis 3 Tagen. (vgl. ebd.: 38). Allerdings bewirkt es die Entstehung von troposphärischem Ozon, welches das drittwichtigste Treibhausgas darstellt und damit, mit Blick auf den Klimawandel, für eine Erwärmung sorgt. (vgl. Ciais et al. (2013): 477). Troposphärisches Ozon wird, in durch Verbrennungsprodukte belasteten Gebieten, bei starker Sonneneinstrahlung durch NO_2 gebildet:

$$
\begin{array}{lcl}
NO_2 + Licht & \rightarrow & NO + O \\
O + O_2 & \rightarrow & O_3.
\end{array}
$$

Das hierbei, sowie bei Verbrennungen, entstehende NO reagiert wieder zu NO_2, das als Katalysator entweder erneut in den obigen Prozess eintritt oder auf andere Weise Ozon bildet:

$$2\,NO + O_2 + \text{Licht} \quad\rightarrow\quad 2\,NO_2$$

$$NO_2 + O_2 + \text{Licht} \quad\rightarrow\quad NO + O_3. \text{ (vgl. Cubasch, Kasang (2000): 68).}$$

NO_x führt aber auch zu einer Verringerung von CH_4 (s.u.) und zu einer Entstehung von Nitrat-Aerosolen. Diese Aerosole beeinflussen den Strahlungsantrieb, da sie einen direkten, sowie, über die Wolkenbildung, einen indirekten kühlenden Effekt haben. Damit besteht hier der Nettoeffekt bezogen auf die Klimaänderung tatsächlich in einer Kühlung. (vgl. Ciais et al. (2013): 477).

Tabelle 1 zeigt die natürlichen und anthropogenen Quellen des bei der Denitrifikation entstandenen N_2O. Daraus wird ersichtlich, dass die Summe der anthropogenen N_2O-Quellen etwa gleich der Summe der natürlichen N_2O-Quellen ist. Die anthropogenen Quellen stellen dabei überwiegend die N_2O-Emissionen dar, die ebenfalls aus natürlichen Quellen stammen, aber in Folge von menschlichen Einträgen in die Biosphäre entstehen. Dieses effektive Treibhausgas verhält sich, wegen fehlender Abbauprozesse in der Troposphäre, wie ein Edelgas, weshalb es sich in der Atmosphäre immer weiter anhäuft. Durch die Analyse von Gaseinschlüssen in Eisborkernen konnte gezeigt werden, dass in den letzten 3 000 Jahren ein relativ konstanter N_2O-Pegel von 284 ppb bestand (vgl. Fabian (2002): 101), der vor der industriellen Revolution um lediglich 10 ppb schwankte. Abbildung 6 zeigt den nahezu linearen Anstieg der N_2O-Konzentration mit einer Steigerungsrate von etwa 0,8 ppb/Jahr seit etwa 1900. Mit einer mittleren atmosphärischen Verweilzeit von 114 Jahren und einem hohem Treibhauspotential ist N_2O ein klimarelevantes Gas. Sein Abbau durch UV-

Tab. 1: Globales N2O-Budget: Natürliche und anthropogene Quellen und photochemischer Abbau in Mt N/Jahr. (Fabian (2002): 101).

	Bereich	Mittelwert
Emission aus Böden		6
Emission aus Ozean		3
Summe natürliche Quellen		*9*
Brandrodung, Biomasseverbrennung	0,2-3	1,6
Stickstoffdünger	0,4-3	1,0
Fäkalien, Gülle	0,3-3	1,5
Bewässerung	0,8-2	0,8
Viehzucht	0,3-1	0,5
Kraftverkehr	0,1-2	0,8
Nylon-Herstellung		0,7
Globale Erwärmung	0,1-1	0,3
Landnutzungsänderungen		0,7
Summe anthropogener Quellen	*5-10*	*8*
N_2O-Quellen insgesamt		**17**
Photochemischer Abbau in der Stratosphäre	**9-16**	**12,5**

Photolyse und Reaktionen mit angeregten Sauerstoffatomen bewirkt einen Abbau des stratosphärischen Ozons. (vgl. Kappas (2009): 173). Auch der IPCC-Bericht weist darauf hin, dass durch den anthropogenen Stickstoffeintrag eine direkte Verbindung zum Klimawandel besteht, da mit N_2O ein starkes Treibhausgas entsteht, das zur Klimaerwärmung beiträgt. (vgl. Ciais et al. (2013): 477).

Wie bereits erwähnt, hat der anthropogene Stickstoffeintrag Auswirkungen auf den Kohlenstoffkreislauf. Deshalb soll an dieser Stelle auch betrachtet werden, wie sich die dargestellten Änderungen auf die Klimarelevanten Spurengase des Kohlenstoffkreislaufs auswirken. CH_4 beeinflusst einerseits direkt die Photochemie der Troposphäre und Stratosphäre und trägt andererseits wegen seiner Absorptionseigenschaften zum atmosphärischen Treibhauseffekt bei. Es werden etwa 100 bis 150 Mt C/Jahr als Methan aus natürlichen Quellen an die Atmosphäre abgegeben, mit insgesamt 275 Mt C/Jahr sind die anthropogenen CH_4-Quellen jedoch etwa doppelt so ergiebig (siehe Tabelle 2). In der Troposphäre werden etwa 90% des Methans abgebaut, in der Stratosphäre 10%. (vgl. Fabian (2002): 103). Der größte Teil des atmosphärischen Methans wird durch das freie

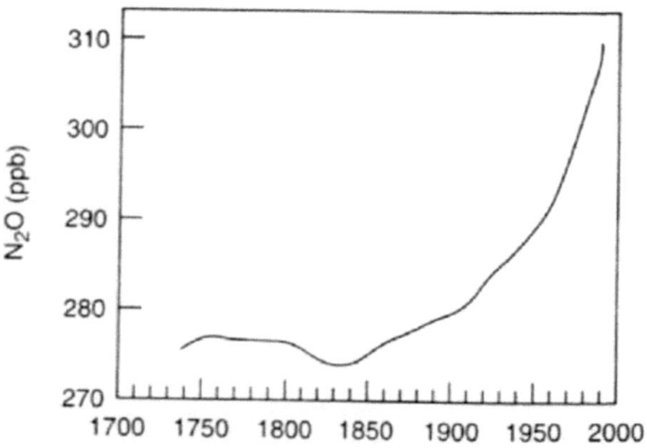

Abb. 6: Verlauf des atmosphärischen Anteils von N_2O. (Fabian (2002): 102).

Hydroxylradikal OH abgebaut. Ist CH_4 nach CO_2 das zweitwichtigste Treibhausgas, so hat es einen Anteil am Strahlungsantrieb von weniger als einem Drittel. (vgl. Kappas (2009): 169). Laut dem letzten IPCC-Bericht verringert die Bildung von NO_x Methan in der Atmosphäre. Damit trägt der anthropogene Stickstoffeintrag zur Senkung klimarelevanter Spurengase bei. (vgl. Ciais et al. (2013): 477).

Das reaktive Spurengas CO spielt insbesondere bei der photochemischen Ozonbildung eine Rolle. „Seine natürlichen Quellen sind die Oxidation von CH_4 [...], während die direkte Emission offensichtlich relativ unbedeutend ist" (Fabian (2002): 105). 90 bis 95% werden in der Troposphäre in CO_2 überführt:

$$CO + OH \rightarrow CO_2 + H.$$

Damit hat CO einen bedeutenden Einfluss auf die OH-Konzentration und damit auf das atmosphärische Oxidationspotential, das sich bei abnehmendem CO vergrößert. Analog zu CH_4 kann also vermutet werden, dass der zusätzliche Stickstoffeintrag weniger CO zur Folge hat, insbesondere, da CO hauptsächlich durch die Oxidation von CH_4 entsteht. Weniger CO bedeutet mehr OH, das somit vermehrt andere Spurengase aus der Atmosphäre oxidieren kann, was in Bezug auf den Klimawandel einer Kühlung entspricht. (vgl. ebd.).

Tab. 2: Globales CH4-Budget: Natürliche und anthropogene Quellen und photochemischer Abbau in Mt C/Jahr. (Fabian (2002): 104).

	Bereich	Mittelwert
Sümpfe, Marschen	75-150	85
Seen	1-20	5
Ozeane	5-15	10
Andere natürliche Quellen, z.B. Termiten	10-75	30
Summe natürliche Quellen	*91-260*	*130*
Rinder	50-75	60
Reisfelder	45-130	80
Biomasseverbrennung	40-75	45
Müllhalden	25-50	30
Kohlebergbau	20-35	25
Erdgas	20-40	35
Summe anthropogener Quellen	*200-405*	*275*
CH$_4$-Quellen insgesamt	**291-665**	**405**
Photochemischer Abbau durch OH	**150-600**	**400**

2.3. Auswirkungen auf die Ökosysteme und das Klima

Mit N_2O und NO_x als direkten Folgen des anthropogenen Stickstoffeintrags, sowie den Auswirkungen dieses Eintrags auf den Kohlenstoffkreislauf und die damit verbundenen Kohlenstoffverbindungen, wurden bereits einige Auswirkungen aufgezeigt. Im Folgenden soll daher ergänzend auf weitere Auswirkungen eingegangen werden.

Kümmel und Papp weisen darauf hin, dass eine Intensivierung des Stickstoffeintrages durch den Menschen verschiedene ökologische Probleme hervorrufen könnte. So würden flüchtige Stickstoffverbindungen, wie NO_x, N_2O, NH_3 und Nitrosamine, in der Troposphäre und Stratosphäre zunehmen, worauf eine Beschleunigung der atmosphärischen Reaktionszyklen folgen könnte. Außerdem könnten in Teilbereichen der Hydrosphäre die Konzentration von oxidierbaren Teilchen, wie $CO(NH_2)_2$, NH_4^+ und NO_2^-, steigen, was einen Sauerstoffmangel und daher eine Eutrophierung bewirken könnte. (vgl. Kümmel, Papp (1988): 193). Durch das vermehrte Stickstoffangebot könnte eine starke Vermehrung von Algen und Cyanobakterien einsetzten. Wenn diese Organismen absterben, würde dabei viel Sauerstoff verbraucht werden. Für viele Meerestiere wäre der dann einsetzende Sauerstoffmangel sicher tödlich. (vgl. McKnight, Hess (2008): 378). Eine stärkere Konzentration von NO_2^-, NO_3^- und NH_4^+ in Grund und Oberflächenwasser könnte zudem unter Umständen toxisch wirken (vgl. Maniak (1997): 539), was insbesondere für die Trinkwasserqualität bedenklich sein könnte. Durch die Überdüngung könnte außerdem die Struktur von Ökosystemen gestört werden, die an Stickstoffmangel angepasst sind. Dadurch könnten artenreiche Gesellschaften der Bergwiesen und Magerrasen zugrunde gehen. (vgl. Fritsche (2009): 20).

NO_x können mit atmosphärischem Wasser vermehrt zu Salpetersäure (HNO_3) reagieren, die als Bestandteil des ‚sauren Regens' von Bedeutung ist. So können durch den Säuregehalt im Wasser sowohl Pflanzen als auch Gebäude geschädigt werden. In städtischen Ballungsgebieten ist ein hoher Gehalt an NO_x für den sogenannten ‚Sommersmog' verantwortlich, bei dem durch die Reaktion von NO mit O_2 unter Lichteinwirkung Ozon gebildet und in der Luft angereichert wird, was wiederum zu Reizungen der Augen und Atmungsorgane führen kann. Das Ausmaß all dieser Eventualitäten kann jedoch zum Gegenwärtigen Zeitpunkt nicht abgeschätzt werden. (vgl. Glaser et al. (2010) : 155).

3. Fazit

Zusammenfassend kann also gesagt werden, dass der kürzlich erschienenen IPCC-Bericht in Bezug auf die Frage, was der anthropogene Stickstoffeintrag für das Leben auf der Erde bedeutet, zu verschiedenen Erkenntnissen gekommen ist. So wird klar, dass der zusätzliche Stickstoffeintrag zur Änderung des Klimas beiträgt. In welcher Weise ist jedoch noch nicht klar erkennbar. Durch den zusätzlichen anthropogenen Stickstoffeintrag entstehen vermehrt Stickoxide, die stratosphärisches Ozon vernichten und troposphärisches Ozon bilden und damit die troposphärische Erwärmung verstärken, sowie die Entstehung von Sommersmog mit verursachen. Allerdings verringert NO_x die Bildung von CH_4 und trägt zur Bildung von Aerosolen bei, die sich positiv auf den Strahlungsantrieb auswirken, sodass derzeit insgesamt von einer kühlenden Wirkung ausgegangen wird. Zwar bewirkt das ebenfalls vermehrt entstehende starke Treibhausgas N_2O eine zusätzliche Erwärmung, aber die indirekten Verbindungen zum Kohlenstoffkreislauf tragen ebenfalls zur Kühlung bei. Die Wechselwirkungen mit dem Kohlenstoffkreislauf sind vor allem darin zu sehen, dass sich der zusätzliche Stickstoffeintrag positiv auf die Nährstoffversorgung der lebenden Pflanzen auswirkt. Dadurch kann vermehrt Biomasse entstehen, was wiederum die Aufnahme von CO_2 positiv beeinflusst, sodass eine stärkere CO_2-Senke entsteht. Die mit dem anthropogenen CO_2-Eintrag einhergehende globale Erwärmung sorgt allerdings dafür, dass der Abbau toter Biomasse beschleunigt wird, was zu einer verstärkten CO_2-Emission führt. Außerdem wird durch das durch NO_x gebildete troposphärische Ozon die Pflanzenproduktivität vermindert, was bedeutet, dass weniger CO_2 aus der Atmosphäre aufgenommen werden kann. Dadurch, dass der zusätzliche Stickstoffeintrag in die Meere gelangt, wird zunächst eine Steigerung der CO_2-Aufnahme durch Photosynthese bewirkt, langfristig wird aber durch die stärkere Versauerung die CO_2-Aufnahme verringert. Desweiteren könnte die verstärkte Produktivität in den Ozeanen eine Eutrophierung und damit eine Reduktion der Biodiversität zur Folge haben, ebenso könnten Lebensräume an Land, die an Stickstoffmangel angepasst sind, verschwinden. Die negativen Folgen für die menschliche Gesundheit sollten ebenfalls mit bedacht werden, denn mehr Stickoxide und troposphärisches Ozon in der Luft, sowie mehr Nitrat im Trinkwasser können sich hier unter Umständen sehr negativ auswirken. Bezogen auf den Klimawandel kommt der IPCC-Bericht zu dem Schluss, dass durch den anthropogenen Stickstoffeintrag tatsächlich insgesamt eine Kühlung erfolgen könnte. Allerdings sind die Wechselbeziehungen zwischen Stickstoff- und Kohlenstoffkreislauf so diffizil, dass weitere Forschungen zu diesem Thema unerlässlich sind, um genauere Aussagen treffen zu können.

Literaturverzeichnis

Ciais, P. et al. (2013): Carbon and Other Biogeochemical Cycles. In: Climate Change 2013: The Physical Science Basis. Contribution of Working Group I to the Fifth Assessment Report of the Intergovernmental Panel on Climate Change. Cambridge.

Cubasch, U. u. D. Kasang (2000): Anthropogener Klimawandel. Stuttgart.

Fabian, P. (2002): Leben im Treibhaus. Unser Klimasystem – und was wir daraus machen. Heidelberg.

Fritsche, W. (2009): Auswirkungen der globalen Umweltveränderungen auf die Wertschöpfungen der Natur. Band 131. Sitzungsberichte der Sächsischen Akademie der Wissenschaften zu Leipzig. Stuttgart.

Fuchs, G. (Hrsg.) (2007): Allgemeine Mikrobiologie. 8. Aufl. Stuttgart.

Glaser, R. et al. (2010): Physische Geographie kompakt. Heidelberg.

Kappas, M. (2009): Klimatologie. Klimaforschung im 21. Jahrhundert – Herausforderung für Natur- und Sozialwissenschaften. Heidelberg.

Kümmel, R. u. S. Papp (1988): Umweltchemie. Eine Einführung. Leipzig.

Jöst, F. (1994): Klimaänderungen, Rohstoffknappheit und wirtschaftliche Entwicklung. Band 12. Umwelt und Ökonomie. Heidelberg.

McKnight, T. u. D. Hess (2009): Physische Geographie. 9. Aufl. München.

Raven, P., R. Evert u. S. Eichhorn (2005): Biologie der Pflanzen. 4. Aufl. Berlin.

Smith, T. u. R. Smith (2009): Ökologie. 6. Aufl. München.

Strahler, A. u. A. Strahler (2006): Physische Geographie. 4. Aufl. Stuttgart.